BEI GRIN MACHT SICH IHR WISSEN BEZAHLT

- Wir veröffentlichen Ihre Hausarbeit, Bachelor- und Masterarbeit

- Ihr eigenes eBook und Buch - weltweit in allen wichtigen Shops

- Verdienen Sie an jedem Verkauf

Jetzt bei www.GRIN.com hochladen und kostenlos publizieren

Carolin Bengelsdorf

Bionik - Stellenwert in der deutschen Industrie

GRIN Verlag

Bibliografische Information der Deutschen Nationalbibliothek:

Die Deutsche Bibliothek verzeichnet diese Publikation in der Deutschen National-bibliografie; detaillierte bibliografische Daten sind im Internet über http://dnb.d-nb.de/ abrufbar.

Impressum:

Copyright © 2009 GRIN Verlag GmbH
Druck und Bindung: Books on Demand GmbH, Norderstedt Germany
ISBN: 978-3-640-94402-6

Dieses Buch bei GRIN:

http://www.grin.com/de/e-book/174101/bionik-stellenwert-in-der-deutschen-industrie

Inhaltsverzeichnis

1. Einführung

Die Natur als Vorbild, dies ist das zentrale Anliegen der Bionik. Die Natur kann mit wenig Aufwand an Material und Energie Wirkungsvolles leisten. Doch wie passen die Natur und die Industrie zusammen? Die Industrie und damit der bedeutendste Wirtschaftszweig in einer Volkswirtschaft sind eher durch Innovationen und technologische Entwicklungen gekennzeichnet. In der heutigen Zeit geht es um das Überleben am Markt, um das nachhaltige Wirtschaften und die maximale Gewinnwirtschaft. Allerdings haben sich der Markt in Deutschland und der Weltmarkt gewandelt. Nicht mehr die bewährten Produkte und Verfahren bringen den alleinigen Markterfolg. Wer in Deutschland und schließlich auch auf dem Weltmarkt als Unternehmen bestehen will, muss sich durch eine hohe Innovationsrate auszeichnen und durch neue Produkte und Systeme abheben. Diese Fähigkeit ist ein wichtiger, wenn nicht sogar entscheidender Wettbewerbsfaktor. Eine Integration von Markt- und Technologieorientierung in der Produkt- und Prozessentwicklung muss erreicht werden. Ingenieure, Techniker, Designer und Konstrukteure brauchen dafür kreative Inspirationen, neue Ideen und Systeme zur Lösungsfindung. Dabei wird der Übertragung biologischer Vorbilder auf technische Anwendungen eine immer größere Bedeutung beigemessen. Kann somit die Bionik ein Allheilmittel für die Industrie sein? Mit der heutigen Technik muss es doch recht einfach möglich sein, Verfahren aus der natürlichen Umwelt für die Industrie nutzbar zu machen.

Im Schwerpunkt soll diese Hausarbeit einen allgemeinen Überblick über den Stand der Bionik in der deutschen Industrie geben. Gibt es nur gewisse spezielle Bereiche der Industrie, die sich mit dem Thema der Bionik auseinander gesetzt haben oder hält die Bionik in immer mehr Unternehmen Einzug. Haben es die Ingenieure und Designer nur auf eine Kopie der Natur abgesehen oder welches Potenzial steckt wirklich in der Natur. Wichtig dabei ist, dass nicht nur ein einziges biologisches Vorbild und das entstandene Produkt betrachtet werden wird, sondern eine Fülle von verschiedenen Bereichen der Industrie in den Blinkwinkel der Betrachtung treten. Selbstverständlich können nicht alle bionischen Ergebnisse behandelt werden, jedoch sollen Produkte und Forschungsansätze aus den verschiedensten Bereichen vor allem in der deutschen Industrie in Augenschein genommen werden.

2. Was bedeutet Bionik?

2.1. Eine erste Annäherung und Definition von Bionik

Der Begriff Bionik wurde von einem US-amerikanischen Luftwaffenmajor Jack E. Steele 1960 auf einer Konferenz in der Wright-Patterson Air Force Base in Dayton/Ohio geprägt. Die Definition geht auf das englische Wort „bionics" zurück. Das deutsche Wort Bionik ist eine Wortschöpfung aus den Begriffen „Biologie" und „Technik" und drückt aus, wie Grundsätze und Erkenntnisse aus der Biologie in der Technik ihre Anwendungen finden (Brück/Kuhn 2008, S. 6).

Allerdings übt Werner Nachtigall, einer der Begründer der Bionik in Deutschland, Kritik an der Herkunft des Begriffs „Bionik (bionics)". Dass Bionik ein Kunstwort, zusammengezogen aus den Anfangs- bzw. Endsilben der beiden Worte „Biologie" und „Technik" sei und dass der Begriff „bionics" von Jack E. Steele geprägt worden ist, sei für Ihn im strengeren Sinne nicht nachweisbar (vgl. Nachtigall 1998).

Jedoch sind sich viele Wissenschaftler auf diesem Gebiet einig, dass Bionik nicht als ein reines Kopieren der Natur verstanden werden soll. „Bionik bedeutet vielmehr, nach Erkenntnis der Funktionsweise natürlicher Konstruktionen und Prinzipien diese in modifizierter Form technisch anwendbar zu machen. Sich durch die Natur zum schöpferischen Konstruieren anregen zu lassen, ist das zentrale Anliegen der Bionik" (Kern/Häcker 1998, S. 5). Auch Werner Nachtigall sagt über die Bionik, dass es „sich keinesfalls um ein sklaverisches Kopieren der Natur" handelt (Nachtigall 1997, S. 2). Ein reines Kopieren der Natur ist meist auch gar nicht möglich und realisierbar. Die Natur soll eher als Anregung für technologisch eigenständige Entwicklungen und der innovativen Umsetzung in der Technik dienen.

1993 hat in Deutschland ein interdisziplinäres Expertengremium auf Initiative des VDI (Verein Deutscher Ingenieure)-Technologiezentrums Düsseldorf eine Definition formuliert: „Bionik als Wissenschaftsdisziplin befasst sich systematisch mit der technischen Umsetzung und Anwendung von Konstruktionen, Verfahren und Entwicklungsprinzipien biologischer Systeme" (Neumann 1993, S. 10).

2.2. Technische Biologie und Bionik – zwei Seiten einer Medaille

Wenn man sich mit dem Thema der Bionik auseinander setzt, rückt sofort ein weiterer Begriff in den Mittelpunkt der Betrachtung: die Technische Biologie. Werner Nachtigall beschreibt diesen Zustand der Symbiose als „Technische Biologie und Bionik – zwei Seiten einer Medaille" (Nachtigall 1997, S. 2). Für jede bionische Umsetzung bedarf es als Basis die biologische Grundlagenforschung. Die Technische Biologie wird wie folgt definiert: „die Technische Biologie untersucht und beschreibt Konstruktionen und Verfahrensweisen der Natur unter Einbeziehung der Analysen- und Deskriptionsverfahren von Physik und Technik" (Nachtigall 1998, S. 5). Ohne Technische Biologie ist also die Bionik nicht vorstellbar. Doch ohne eine bionische Umsetzung bleibt die Technische Biologie akademisch und deren Ergebnisse laufen Gefahr, in den Bibliotheken zu verkümmern. Man kann sagen, dass sich die beiden eigenständigen Disziplinen ergänzen, wie Kopf und Zahl oder wie Bild und Spiegelbild. Die Natur soll bei der Technischen Biologie mit Hilfe der Technik verstanden werden, die Bionik bedeutet „Lernen von der Natur für die Technik" (vgl. Nachtigall 1998, S. 5-8).

2.3. Historischer Hintergrund der Bionik

Die Bionik als eine junge Wissenschaft mit zahlreichen neuartig erscheinenden Aspekten, hat im Grunde einen sehr alten Ursprung. Schon immer gab es Gelehrte und Forscher, die sich aus dem Reich der Natur inspirieren ließen. Immer wieder war es die natürliche Umwelt, die die Forscher auf Ideen für neue Erfindungen brachten. Eine bedeutungsvolle Ursehnsucht des Menschen war und ist es, fliegen zu können (vgl. Kern/Häcker 1998, S. 5).
Die wohl bekannteste Geschichte zum Thema Fliegen ist die griechische Sage von Dädalus und Ikarus. Um aus der Gefangenschaft zu entkommen, schufen Dädalus und sein Sohn Ikarus aus den Federn von Vögeln und dem Wachs von Kerzen Flügel. Die Flügel konstruierten sie nach dem Vorbild der Vögel. Doch bei der Flucht geriet Ikarus zu nahe an die Sonne und das Wachs zwischen seinen Flügeln schmolz und er stürzte ab (vgl. Wissmann 1982, S. 28 f.).

Die ersten *wissenschaftlichen* Ansätze können dem Universalgenie Leonardo da Vinci (1452-1519) zugeschrieben werden. Wie bereits Werner Nachtigall und andere Wissenschaftler herausgestellt haben, kann Leonardo als *der* erste Bionik-Wissenschaftler bezeichnet werden. „Er versuchte, den Vogelflug zu verstehen und aus diesem Verständnis Flugapparate für den Menschen zu konstruieren" (Nachtigall 1998, S.32). Ein wichtiges Werk in diesem Zusammenhang war das 1505 in Florenz erschienene Buch „Sul volo degli uccelli". Doch zu dieser Zeit hatte Leonardo mit seinen bionischen Ansätzen nur wenig Erfolg (vgl. Nachtigall 1998, S. 32).

Einige Jahrhunderte später verschrieb sich ein englischer Landsmann Sir George Cayley (1773-1857) der „Aeronautik", was heute als Flugphysik bezeichnet wird. 1829 beschäftigte er sich intensiv mit der Frucht des Wiesenbocksbarts und beantwortete die Frage, warum die Früchtchen autostabil fallen. Durch diese gewonnen Erkenntnisse und die Übernahme der Prinzipien entwickelte Cayley den ersten praktikablen Fallschirm. Ebenso geht auf Ihn der Bau des ersten autostabilen Flugmodells zurück (vgl. Nachtigall 1997, S. 8).

Im Jahre 1889 erschien das Werk „der Vogelflug als Grundlage der Fliegekunst" von Otto Lilienthal (1848-1896). Er beobachtete die Natur genau und studierte den Vogelflug wissenschaftlich. Durch seine intensiven Studien und der Erkenntnis der leicht gewölbten Flügelfläche für den Antrieb gelang ihm 1891 der wohl erste menschliche Flug. Lilienthal konnte auf mehr als 2000 Gleitflüge zurückgreifen und war in der Lage bis zu 400 Meter weit fliegen zu können (vgl. Kern/Häcker 1998, S. 6). Doch seine Leidenschaft bezahlte der deutsche Luftfahrtpionier mit seinem Leben. Am 9. August 1896 stürzte er aus 15 m Höhe ab und erlag später seinen Verletzungen (vgl. Seifert/Waßermann 1992, S. 156 f.).

Neben dem uralten Traum der Menschen vom Fliegen gab es selbstverständlich noch weitere Anregungen aus der Natur, die sich Menschen gewidmet haben.

Ein Pionier der Bionik im frühen 20. Jahrhunderts war Raoul H. Francé (1919/23). Er übertrug Funktionen, Strukturen und Prozesse biologischer Systeme in die Technik und löste technische Probleme durch biologische Vorbilder. „Von der Natur lernen – das war ihm ein wichtiges Anliegen, das alle seine Arbeiten durchzieht" (Nachtigall 1997, S. 10). Zu seiner Zeit war er ein viel gelesener Autor und war Begründer der Lehre vom Edaphon, der Kleinlebewelt im Boden. 1919 erschien sein Werk „die technischen Leistungen der Pflanzen" und im Jahre darauf veröffentlichte er das

Buch „die Pflanzen als Erfinder." Er sagte dem Forschungsgebiet eine große Zukunft voraus. Alf Gießler war von den Sichtweisen Francés sehr beeindruckt und veröffentlichte 1939 sein Buch „Biotechnik". Ein Schwerpunkt seiner Arbeit lag in der Natur. Er durchforstete sie nach Anregungen für technische Umsetzungen und beschränkte sich dabei nicht nur auf biomechanische Aspekte. Gießler bezog wichtige Gesichtspunkte der Elektrotechnik und andere technische Disziplinen mit ein und das ganz im modernen Sinne. Jedoch sind seine Darstellungen stark von der Ideologie des Nationalsozialismus geprägt worden und mit dem Beginn des Zweiten Weltkrieges spielte das Lernen von der Natur keine wesentliche Rolle mehr, „sonst hätte das Gießlerische Buch vielleicht eine Schrittmacherfunktion haben können" (Nachtigall 1997, S. 10).

Beginnend mit den 60er Jahren wurde dem Thema Bionik vermehrt Aufmerksamkeit gewidmet und erst in unser heutigen Zeit kommt es zum Aufblühen und zu einer wirtschafltichen Akzeptanz. Wie Werner Nachtigall feststellte, „es braucht eben seine Zeit, bis sich Sichtweisen durchsetzen" (Nachtigall 1997, S. 10).

3. die Industrie und Bionik

Die Industrie hat in der Bundesrepublik Deutschland einen sehr hohen Stellenwert und ist damit einer der bestimmenden Wirtschaftszweige im Land. In den Unternehmen spielen immer mehr die Forschung und Entwicklung von neuartigen und besonders innovativen Produkten eine wichtige Rolle. Der Gedanke der Bionik ist bei vielen Unternehmen in den letzten Jahren und Jahrzehnten immer mehr in den Vordergrund gerückt, weil die Natur Vorbilder zeigt, die es zu erforschen gilt und an denen man sich orientieren kann. Nach einer kurzen Definition des Terminus Industrie werden in diesem Abschnitt Produkte vorgestellt, die aus einem biologischen Vorbild entstanden sind und in der Industrie ihre Anwendungen finden.

3.1. Definition von Industrie

Das Wort Industrie leitet sich aus dem lateinisches *industria* ab und bedeutet so viel wie Fleiß und Betriebsamkeit. Die Industrie ist in Deutschland der wichtigste Zweig der materiellen Produktion und ist aus diesem Grund führender

Volkswirtschaftszweig. Die Produktion ist auf die Gewinnung von Naturreichtümern, wie zum Beispiel Bodenschätzen oder auf die Weiterverarbeitung von Rohstoffen und Halbfabrikaten gerichtet (vgl. Uhlmann 1962-64 S.356). Die Weiterverarbeitung erfolgt „mit Hilfe von physikalischen, chemischen und biologischen Verfahren zu Konsum- oder Produktionsgütern unter Verwendung von Lohnarbeit, Maschinen und Kapital" (Hadeler 2000 S. 1494). Die Merkmale der Deutschen Industrie sind vor allem Massenproduktionen, umfangreicher Einsatz von Maschinen sowie weitgehende Arbeitsteilung und Beschäftigung von ungelernten und angelernten Arbeitern. Man unterscheidet vier Arten von Industriebetrieben:

- ❖ Grundstoffindustrie
- ❖ Produktionsgüterindustrie
- ❖ Investitionsgüterindustrie
- ❖ Konsumgüterindustrie

Daimler-Chrysler war 2002 das größte deutsche Unternehmen und ist in der Autobranche, sowie in den Branchen der Luft- und Raumfahrt als auch der Dienstleistung tätig. Auf Rang zwei folgte das Unternehmen Volkswagen, welches auch in der Autoindustrie einen wichtigen Wirtschaftszweig in Deutschland darstellt (vgl. dtv-Lexikon Bd. 10, S. 184). Gerade im Bereich der Autoindustrie finden sich viele technische Umsetzungen und Anwendung von Konstruktionen von biologischen Systemen und oftmals ist das Vorbild der Natur für interessante Entwicklungen in dieser Branche verantwortlich. Als bekanntestes Beispiel kann hier der Kofferfisch genannt werden, der bei dem Unternehmen Daimler-Chrysler die Vorlage für ein spritsparendes Zukunftsauto liefert.

3.2. der Kofferfisch – das Bionic Car

Wie bereits angeführt liefert der Kofferfisch ein Modell für ein aerodynamisches, sicheres, komfortables und umweltverträgliches Auto, dem Bionic Car. Mit dem Projekt rund um den Fisch beschäftigten sich Ingenieure von Mercedes-Benz. Die Natur sollte als Vorbild dienen, doch es wurde nicht nach Details gesucht, sondern das Vorbild sollte in seiner kompletten Form und Struktur den Vorstellungen von einem modernen Auto möglichst gerecht werden. Schnell wurde die Forschungsabteilung aus Biologen, Bionik-Wissenschaftler und Automobilforscher verschiedener Fachbereiche fündig. Das biologische Vorbild war der Kofferfisch. Zwar wirkt der Meeresbewohner auf den ersten Blick alles andere als stromlinienförmig, flink und

Kofferfisch Modell[1]

schlank, doch auf den zweiten Blick ist der Kofferfisch den gleichen Bedingungen in seinem Lebensraum ausgesetzt wie ein Auto und meistert dies mit Bravur. Er muss sich mit möglichst geringem Einsatz von Energie fortbewegen und dementsprechend mit seinen Kräften Haus halten. Weiterhin muss er einen hohen Druck standhalten und eine starke Außenhaut besitzen, um seinen Körper bei Kollisionen vor Verletzungen zu schützen. Trotz seiner kantigen Form ist der Kofferfisch sehr gut in der Lage, zu manövrieren und er ist ein guter Schwimmer, der auch bei turbulenten Strömungen seinen Kurs halten kann. Was ist nun das Prinzip? Die Außenhaut des Kofferfisches besteht aus einer Vielzahl sechseckiger Knochenplatten. Diese sind so miteinander verwachsen, dass im Gesamtkonzept einen starrer Panzer gebildet wird.

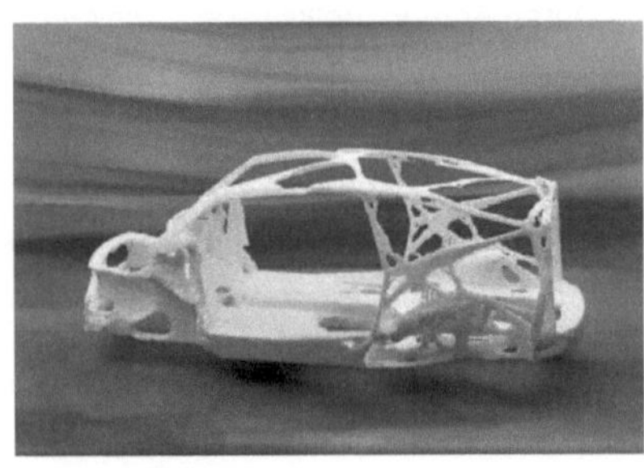

Modell des Fahrzeugrahmens inspiriert durch Knochenplatten des Kofferfisches[2]

Dieser Schutzpanzer ist äußerst leicht, besitzt jedoch gleichzeitig eine hochfeste Struktur. Dadurch wird dem Rumpf des Fisches eine hohe Steifigkeit verliehen. An den Kanten des Rumpfes bilden sich kleine Wasserwirbel, die, wie angesprochen, für eine stabile Lage sorgen und dass der Kofferfisch auch bei starken Strömungen seinen Kurs halten kann (vgl. bio-pro.de). Das Grundgerüst des Fahrzeugrahmens lieferten die hexagonalen Knochenplatten des biologischen Vorbildes. Dadurch ermöglicht die Form sowohl Fahrstabilität als auch Energieeffizienz. Eine wichtige Eigenschaft bei diesem Prototyp besteht in dem Strömungswiderstandskoeffizienten, kurz den c_w-Wert. „Je deutlicher die Tropfenform bei einem Fahrzeug ausgeprägt ist, desto besser ist sein c_w-Wert und entsprechend niedrig ist auch der Energieverbrauch" (Brück/Kuhn 2008 S. 84). Das Bionic Car hat einen c_w-Wert von

0,19 – zum Vergleich: ein Porsche hat einen c_w-Wert von ca. 0,30. Das „Kofferfisch-Prinzip„ sorgt für einen geringen Kraftstoffverbrauch. Der Kraftstoffverbrauch liegt pro 100 km bei lediglich 4,3 Litern Kraftstoff, dies entspricht 20 Prozent weniger als bei einem vergleichbaren Serienmodell. Laut Herstellerangaben sinkt der Verbrauch sogar auf 2,8 Litern, wenn bei einer konstanten Geschwindigkeit von 90 km/h gefahren wird. Die Höchstgeschwindigkeit liegt bei 190 Kilometer pro Stunden. Das Modell ist 4,24 Meter lang, 1,82 Meter breit und 1,59 Meter hoch. Laut Hersteller ist das Fahrzeug

Prototyp nach Vorbild des Kofferfisches[3]

für vier Personen ausgelegt und verfügt über ein Glasdach, eine Panorama-Frontscheibe und einer großen Heckklappe (vgl. mercedes-benz.de).

3.3. das Auge der Stubenfliege

Die Stubenfliege (Musca domestica) ist eine Fliege aus der Familie der Echten Fliegen und verfügt über ein erstaunliches Sehorgan aus der Natur, dem Facettenauge (vgl. Bappert/Zweckbronner 1998, S. 47). Die Augen mit der Halbkugelform bestehen aus ca. 3.000 winzigen Einzelaugen und somit kann die Fliege ihr gesamtes Umfeld rundum erfassen, ohne auch nur einmal ihren Kopf dabei drehen zu müssen. Eine weitere eindrucksvolle Fähigkeit der Stubenfliege ist es, dass sie bis zu zweihundert Bilder pro Sekunde getrennt wahrnehmen kann. Im Vergleich dazu kann der Mensch bei Tageslicht ungefähr sechzig Einzelbilder pro Sekunde wahrnehmen. Jede noch so vorsichtige Bewegung des Angreifers kann die Fliege durch ihre Möglichkeiten erkennen und rechtzeitig ausweichen. Doch was kennzeichnet diese bewundernswerten Einzelaugen aus? Die Augen bestehen zum Einen aus einem lichtbrechenden Apparat und zum

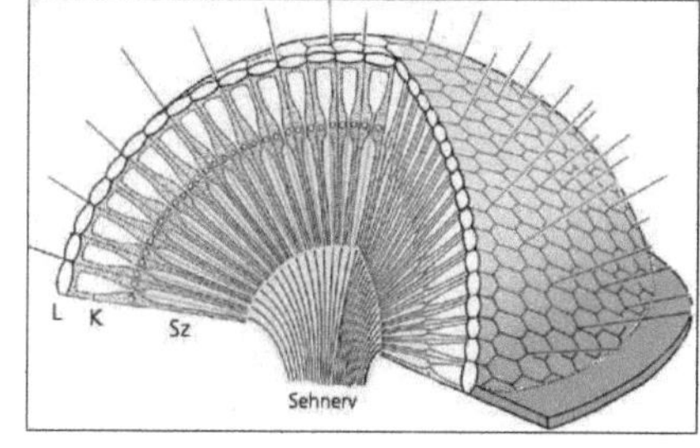

aufgeschnittenes Facettenauge eines Insektes[4]

Anderen aus einem signalempfangenden Teil. „Zum lichtbrechenden Apparat gehört eine optische Linse [L] aus Chitin und ein von innen anliegender Kristallkegel [K], die eine hohe Brechkraft besitzt" (Kern/Häcker 1998, S. 49). Der andere Teil bildet sich aus acht verlängerten Sehzellen (Sz). Die Sehzellen eins bis sechs kommen bei schwachen Lichtverhältnissen zum Einsatz, bei guten Lichtverhältnissen spielen die Sehzellen sieben und acht eine wichtige Rolle. Fliegt das Insekt an Objekten vorbei, führt das am Auge automatisch zu Hell-Dunkel-Schwankungen. Dabei werden die Sehzellen aktiviert und diese senden über Nervenfasern elektrische Signale in das zentrale Nervensystem. „Je zwei dieser Sehzellen sind mit einem Elementaren Bewegungsdetektor (EMD) verknüpft. Ein EMD entspricht einem Mikroschaltkreis aus Neuronen, der in vieltausendfacher Wiederholung vorliegt" (Kern/Häcker 1998, S. 49). Der EMD bekommt seine Informationen über Geschwindigkeit und Bewegungsrichtung im Blickbereich eines Einzelauges aus der Sequenz von Licht und Schatten. Selbst der modernen Technik ist es nicht möglich, solche winzigen optischen Gefüge zu konstruieren. Obwohl jedes Einzelauge über eine eigene Linse verfügt, sieht das Insekt nicht eine Vielzahl von kleinen Bildern, sondern nur ein Bild. Ähnlich wie das Fernsehbild muss man sich das verschwommene Gesamtbild des Insektes vorstellen, „das sich mosaikartig aus den einzelnen Helligkeitspunkten zusammensetzt" (Kern/Häcker/ 1998, S. 49). Wie wurden nun diese Erkenntnisse in die Technik übertragen? Durch die Forschung konnte die Funktionsweise des Elementaren Bewegungsdetektors (EMD) entschlüsselt werden. Im Jahre 1991 wurde diese Ergebnisse für die Konstruktion eines sich visuell orientierten „Fliegen-Roboters" verwendet. Der Name dieses Roboters ist Robot Mouche. Er kann sich schnell und ohne anzustoßen auf seinen drei Rädern durch ein Labyrinth von Pfosten manövrieren. Bestückt ist die Maschine mit optischen Sensoren und einer Elektronik, welche die Signalverarbeitung im Gehirn der Stubenfliege nachahmt. Die Maschine soll Hindernissen ausweichen, ein beleuchtetes Ziel ansteuern und sich dabei nur auf ihre „Augen" verlassen. 40 Jahre hat man sich mit dem Sehsystem der Fliege beschäftigt, davon wurde ein beachtlicher Teil von den Wissenschaftlern am Tübinger Max-Planck-Institut für Biologische Kybernetik erforscht.

Robot Mouche [5]

Mittlerweile arbeiten Forscher an einer 3. Generation von Robot Mouche (vgl. Kern/Häcker 1998, S. 49f).

Mit diesem Beispiel sollte gezeigt werden, dass die Forschung nicht immer sofort eine technische Innovation für die Industrie schafft, aber für Weiterentwicklungen in den entsprechenden Branchen durchaus Ansätze schaffen kann.

3.4. von Elefanten lernen

Die meisten Roboterarme sind nicht nur teuer, sondern manchmal auch für den Menschen gefährlich. Es kann passieren, dass sie nicht richtig funktionieren oder ungenau arbeiten. Der bionische Roboterarm ISELLA verhindert beispielsweise unkontrollierte Bewegungen bei technischen Störungen und kann dadurch die Verletzungsgefahr für die Menschen verringern. Als biologisches Vorbild dient hier der Elefantenrüssel.

Der Elefantenrüssel besitzt rund 40.000 Muskeln und mit diesem kann der Elefant nicht nur trinken, „sondern auch Bäume umstoßen, schwere Lasten tragen, aber auch sehr genaue und Präzision erfordernde Greifbewegungen ausführen" (Brück/Kuhn 2008, S. 216). Dieses ausgefeilte Bewegungssystem wurde vom Fraunhofer-Institut für Produktionstechnik und Automatisierung (IPA) in Stuttgart für einige Wissenschaftler zum Vorbild. „Der weiche und bewegliche Elefanten-Rüssel lieferte uns die Idee für den bionischen Roboterarm ISELLA", sagt Harald Staab, der

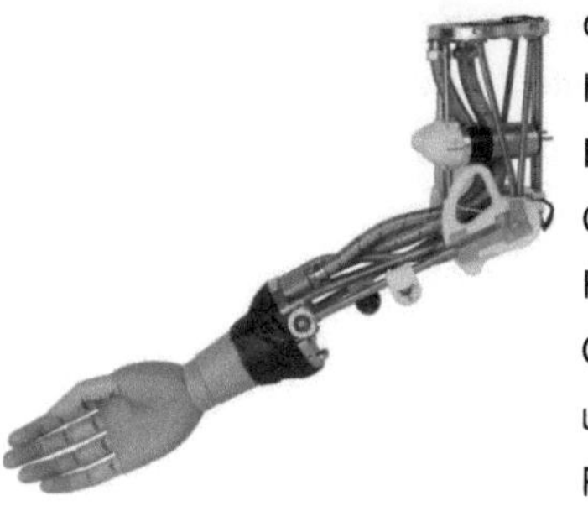

die Technologie am IPA erfunden und entwickelt hat (vgl. Harald Staab - innovations-report.de). Die herkömmlichen Roboterarme haben pro Gelenk nur einen Antrieb, nicht so der Roboterarm ISELLA. Jeder Antrieb hat einen Gegenspieler, der im Fall einer Störung eine unkontrollierte Bewegung verhindert. Der Roboterarm funktioniert mit einem einfachen und

Ellbogengelenk des Roboterarms ISELLA[6] preisgünstigen System. Das Armsystem wird mit einem kleinen Elektromotor mit Antriebswellen und einer Spezialschnur angetrieben. Die Spezialschnur funktioniert in diesem Zusammenhang wie eine Sehne zwischen zwei zueinander beweglichen Teilen. In deren Mitte ist eine Antriebswelle befestigt, dreht sich die Welle, wickelt sich die Schnur in Form einer doppelten Helix von beiden Seiten auf. Gesprochen wird dann von „Dohelix". Der Vorteil: Dohelix ist preisgünstiger und auch energieeffizienter als ein Getriebe und das Antriebsprinzip eignet sich für alle Größenordnungen – vom Mikrometermuskel bis zum Lastenheben im Containerhafen. Die Einsatzmöglichkeiten wären zum Beispiel auch in der Rehabilitation möglich oder bieten ein großes Potenzial für die Weiterentwicklung von neuen Armprothesen.

3.5. Rattenscharf – selbstschärfende Messer

Stumpfe Messer sind ärgerlich, sei es im Haushalt oder in der industriellen Produktion. Sie bedeuten einen höheren Energieverbrauch. In der Industrie muss oft geschnitten werden. Doch bisherige Schneidemühlen haben das Problem, dass die Klingen innerhalb weniger Stunden abstumpfen. Alle paar Stunden bzw. Tage müssen die Maschinen ausgeschaltet werden und die Messer müssen ausgebaut werden. Nach anschließender Schleifung können sie wieder eingesetzt werden. Solche Unterbrechungen kosten Zeit und somit in der Industrie bares Geld (vgl. Brück/Kuhn 2008, S. 136). Wäre es da nicht vom Vorteil, dauerhaft scharfe Messer bieten zu können? Forscher vom Fraunhofer-Institut für Umwelt-, Sicherheits- und Energietechnik UMSICHT haben zusammen mit der Firma Kennametal Widia permanent scharfe Messer für Schneidemühlen entwickelt. Das biologische Vorbild liefert das Gebiss von Nagetieren, insbesondere von Ratten. Das enorm scharfe Gebiss ist ein wesentliches Kennzeichen von Ratten. Holz, Metall und sogar Beton sind für die Zähne der Ratten beim Zernagen kein Problem. Die Zähne der Ratten bestehen aus dem gleichen Material wie die menschlichen Zähne. Im Gegensatz zum menschlichen Gebiss sind Rattenzähne nicht komplett mit Zahnschmelz überzogen. An ihrer Vorderseite besitzen sie eine hufeisenförmige, sehr dünne und harte Schmelzlamelle. Dahinter befindet sich das weichere Zahnbein, welches beim Nagen kontinuierlich abgerieben wird. Der Zahnschmelz ist jedoch härter und vorne bleibt somit immer eine scharfe Schneidekante übrig. Pro Monat wachsen die Schneidezähe des Nagetiers ungefähr einen Zentimeter, so dass die Zähne von dem Abrieb beim Nagen nie vollkommen abgenutzt werden. Die Lösung lautete für das Fraunhofer Institut also: kombiniere ein hartes Material mit einem weichen Material dahinter. Die technische Umsetzung sieht wie folgt aus: der zähe Grundkörper besteht aus einem Hartmetall, einer Legierung aus Wolframcarbid und Kobalt. Die

Außenseite ist gewölbt und mit einer extrem harten Schicht aus Keramik überzogen. Diese besteht im Wesentlichen aus Titannitrid und wird durch Nanowerkstoffe verstärkt. Die Oberfläche wird dabei gehärtet, damit diese dünne Schicht beim Schneiden nicht vom Grundkörper abplatzt. „Im Gegensatz zu bisherigen Schneidwerkzeugen, sieht unser Konzept extrem standfeste Messer vor, die nie stumpf werden", sagt Marcus Rechenberger Rechberger von der UMSICHT-Abteilung Spezialwerkstoffe. „Sie müssen erst dann

Die Außenflächen der selbstschärfenden rotierenden Messer sind mit einer harten Keramik beschichtet[7]

ausgewechselt werden, wenn die Messer quasi nicht mehr da sind" (umsicht.fhg.de) Somit kann auf langer Sicht Geld eingespart. Die ersten Prototypen werden von den Forschern vom UMSICHT getestet und Rechberger geht davon aus, dass es nicht mehr lange dauert, bis diese Messer auf dem Markt kommen, denn erste Firmen sind bereits interessiert (vgl. umsicht.fhg.de).

3.6. Weißer als Weiß

Die Natur bietet ein buntes Farbspektrum in der Tierwelt, da ist eine Weißfärbung äußerst selten. In der Arktis wäre ein Überleben garantiert, aber sonst wäre es einem Tier kaum möglich, von seinen Feinden unentdeckt zu bleiben. Doch gerade ein weißer Panzer ist ein auffälliges Merkmal des südostasiatischen Blatthornkäfers der Gattung Cyphochilus. Trotz aller Zweifel ist es dem Käfer möglich im Regenwald zu überleben. Fressfeinde sehen die weiße Färbung als einen ungenießbaren Pilz an, der in diesem Lebensraum vorkommt. Dem Geheimnis der Struktur sind Wissenschaftler nachgegangen. Sie fanden heraus, dass die

Blatthornkäfer der Gattung Cyphochilus fallen durch ihren weißen Körper auf[8]

Oberfläche des Käfers von feinen Schuppen bedeckt ist, die eine äußerst unregelmäßige Struktur aufweist. Diese wiederum ermöglicht eine gleichmäßige und gleichzeitige Reflektion aller Farben des Lichts. „Die 5 Mikrometer dicken, 250 Mikrometer langen und 100 Mikrometer breiten unregelmäßig geformten Schuppen bestehen aus einem Netzwerk von ungeordneten Chitin-Filamenten, von denen jedes Einzelne einen Querschnittsdurchmesser von etwa 250 Nanometern besitzt" (Brück/Kuhn 2008, S. 156). Diese Fasern füllen zu etwa 70 Prozent das Innere der Schuppen aus. Die restliche Fläche nehmen winzige Luftkammern ein. Dadurch entstehen Zwischenräume, die bewirken, dass das Licht weniger oft innerhalb der Struktur hin- und her reflektiert. Die Schuppen müssen das Licht in sämtlichen Wellenlängenbereichen gleich streuen, um diese perfekte weiße Färbung zu erreichen. Eine weitere Besonderheit ist die Oberfläche, denn sie ist nur 1/200 Millimeter dick – zehnmal dünner als beispielsweise ein menschliches Haar. Der Weißwert nach dem Standard der Internationalen Organisation für Normierung des Cyphochilus-Käfers beträgt 60 und der Wert der Helligkeit 65. Damit ist er weißer als das weißeste gebleichte Papier. Die Industrie will dieses Strukturprinzip in Zukunft auf neue Technologien verwenden. Mögliche Anwendungen wären Anstrichmaterialien, effizientere Lichtquellen oder auch die Nutzung im Bereich der optischen Aufhellung von Zähnen (vgl. Brück/Kuhn 2008, S. 156).

Dieses Beispiel soll zeigen, dass ein biologisches Vorbild besteht, die Prinzipen weitestgehend erforscht wurden, jedoch die technische Umsetzung auf innovative Produkte noch nicht entwickelt worden sind. Mit der Weiterentwicklung der Bionik als relativ junge Wissenschaft wird es in naher oder ferner Zukunft auch in den noch nicht vollständig erforschten Bereichen, wie an diesem Beispiel zu erkennen, wesentliche Fortschritte erzielt werden.

3.7. weitere Beispiele und Produkte in der Industrie

In diesem Abschnitt sollen abschließend weitere Beispiele von bionischen Produkten dargestellt werden, die vorwiegend in der deutschen Industrie Anwendung finden. Außerdem werden Firmen vorgestellt, die diese Produkte entwickelt und vermarket haben.

Die deutsche *Firma Continental* entwickelte weltweit als Erste im Jahre 1904 Profilreifen für Automobile. Seither hat die Forschung und Entwicklung in dem Unternehmen einen sehr hohen Stellenwert und wird immer weiter ausgebaut. Dabei versteht sich Continental als ein lernendes Unternehmen und das beinhaltet auch, aus der Natur zu lernen. Es entstanden 3 Produkte im Bereich der Reifenprodukte - der ContiWinterContact TS 780, der ContiPremiumContact und der ContiSportContact 2.

Die Hexagonallamellen des ContiWinterContact TS 780 ermöglichen eine maximale Traktion durch Formschluss auf flexible Oberflächen. Diese Hexagonalstrukturen findet man bei Bienenwaben, die dort der Stabilisierung der gesamten Struktur dienen. Aufgrund diesen biologischen Vorbildes entstand dieser Reifen, der schon viele Testsiege zu verzeichnen hat.

Für den ContiPremiumContact diente die Katzenpfote als Vorbild. Bei einer Bremsung wird der Reifen stärker auf die Straße gedrückt, der Reifen verbreitet sich und somit hat man einen kurzen Bremsweg und es wird ein gutes Kurvenverhalten gezeigt (vgl. biokon.net).

Bei dem Sportreifen ContiSportContact 2 konnte erstmals die Funktionsweise des Spinnennetztes, das dehnungsfreudig und stabil zugleich ist, bei der

Pressefoto ContiPremiumContact®

Mischungskonzeption eines Reifens genutzt werden. Wie bei dem ContiPremiumContact Reifen konnte bei der Reifenkontur das Vorbild der Katzenpfote dienen (vgl. conti-online.com).

Einer der berühmtesten Beispiele im Bereich der Bionik ist der Klettverschluss. Im Laufe der Zeit hat sich der Klettverschluss zu einem sehr wichtigen Industrie- und Konsumgüterprodukt entwickelt. Spezialisiert im europäischen Raum hat sich die *Firma FASTECH Europe GmbH* auf die Herstellung von Klettverschlüssen mit über 500 Produktgruppen. Sie bietet eine Vielzahl von Applikationen zum Verschließen, Anbringen, Befestigen und Verbinden für fast alle Branchen. Der Hauptsitz dieser Firma ist in der Schweiz, aber es gibt die FASTECH Europe GmbH auch in Deutschland (Rheinfelden), Österreich, den Benelux-Staaten und sogar in Chile (vgl. fastech.ch).

Die *Firma VELCRO©* ist international führende Anbieter von innovativen textilen Klett-Produkten im Industrie-, Automobil- und Consumerbereich. Vertreten ist die Firma im europäischen Raum in Deutschland, Frankreich, Italien und beispielsweise Spanien. Weltweit zählen Standorte wie die USA, Australien, Mexico und China zu wichtigen Adressen von VELCRO.

Das wohl bekannteste Prinzip ist der Lotus-Effekt, der auch in der deutschen Industrie einen wichtigen Stellenwert besitzt.

Die *Firma ERLUS AG* hat beispielsweise die ersten selbstreinigenden Tondachziegel

entwickelt. Dabei bietet die selbstreinigende Technologie von Erlus Lotus einen besonderen Schutz für die Dachziegel. Die eingebrannte Oberflächenveredelung zerstört die organischen Schmutzteilchen wie Fettablagerungen, Ruße, Moose und Algen mit Hilfe des Sonnenlichts. Der Regen wäscht diese dann ab. Das Tondach bleibt somit über Jahre sauber. Die ERLUS AG

Tondachziegel Erlus Lotus[10] bekam für dieses Produkt im Jahre 2004 den MATERIALICA Design Award in der Kategorie „Material". Dieser Award wird von der Munich Expo GmbH aus gelobt und vom International Forum Design (iF) organisiert (vgl. erlus.de).

Seit über zehn Jahren beschäftigt sich die *STO AG* unter anderem mit dem Lotus-Effekt im Bereich der Fassadenbeschichtung. Entwickelt wurde die Lotusan Fassadenfarbe bzw. der Fassadenputz, die eine stetig wachsende Zahl an Kunden begeistert. Die Fassadenfarben und –putze zeichnen sich durch den einzigartigen Lotus-Effekt aus, den sich die STO AG sogar

Lotusan Fassadenfarbe[11]

hat patentieren lassen. Dieser Effekt unterstützt die Fähigkeit der Selbstreinigung der Fassade. Der Schmutz perlt mit dem Regen ab und die Fassade bleibt lange sauber und trocken.

Die *FESTO AG* ist eine Unternehmensgruppe der Steuerungs- und Automatisierungstechnik mit Hauptsitz in Esslingen am Neckar in Deutschland. Weltweit gehört FESTO zu den führenden Automatisierungsunternehmen mit 56 eigenständige FESTO-Gesellschaften und 250 Niederlassungen. FESTO hat sich auch der Bionik verschrieben. Ein fester Bestandteil der Innovationsprozesse bei FESTO ist „Bionik Learning Network" – ein Verbund von FESTO mit Hochschulen, Instituten und Entwicklungsfirmen. Aus bionischen Konstruktionsansätzen wurden zum Beispiel neue Greifertechnologien für das flexible adaptive Greifen entwickelt oder Ansätze für die Steuerung und Regelung autonomer bionischer Systeme.

Aqua Penguin[12]

Ein Produkt von FESTO im Bereich autonomer bionischer Systeme ist der Aqua Penguin. Dieser verfügt über eine strömungsgünstige Form und kann durch seinen Flügelantrieb und sein in alle Richtungen beweglichen Kopf und Schwanz auf engsten Raum manövrieren, sich auf der Stelle wenden und sogar rückwärts schwimmen. Auch die intelligente Sensorik bietet neue Anwendungsfelder. Dem Aqua Penguin ist es durch das schnelle und exakte Regeln erlaubt, in einer Gruppe kollisionsfrei zu schwimmen inklusive Höhenregelung, Druckausgleich, Temperaturkompensation und Lagestabilität (vgl. festo.com). Die FESTO AG ist durch unzählige Entwicklungen und Produkte weltweit führender Anbieter von pneumatischer und elektrischer Technologie für Fabrikautomatisierung und Prozessautomatisierung.

Von dem Vorbild der Haifischhaut haben sich Bereiche der Industrie inspirieren lassen, um verschiedene Produkte auf den Markt zu bringen. Zum Einen hat sich der Schwimmartikel-Hersteller *SPEEDO* das Prinzip der Haifischhaut zum Vorteil gemacht und einen revolutionären Schwimmanzug entwickelt, den „Fastskin" Schwimmanzug, den es mittlerweile in verschiedenen weiterentwickelten Ausführungen auf dem Markt gibt. Bei den Olympischen Spielen 2000 in Sydney trugen 83 Prozent der Medaillengewinner den neuen Anzug. Bei den Olympischen Spielen 2004 in Athen holten die Schwimmer mit der zweiten Generation des Anzugs insgesamt 47 Medaillen (vgl. epo.org).

Weiterhin hat man sich mit dem Prinzip der Haifischhaut in der Flugzeugindustrie beschäftigt. Anfang der 1990er Jahre wurde eine selbstklebende Folie für Flugzeugoberflächen entwickelt. Die Ergebnisse von Tests mit der neuen Folie waren recht vielversprechend: um sechs Prozent konnte die Reibung verringert werden und somit könnte ein derart ausgestattetes Flugzeug im Jahr bis zu 200 Tonnen Kerosin im Jahr einsparen. Doch bestehen immer noch viele Nachteile, die eine ständige Anwendung in der Flugzeugindustrie zum jetzigen Zeitpunkt nicht als gewinnbringend zulassen. Jedes Mal müsste die Folie aufgrund des vorschriftsmäßigen Sicherheitscheck an der Flugzeugoberfläche abgenommen werden und damit wäre der Aufwand zu groß. Gegenwärtig arbeitet man daran, spezielle Lacke mit Haifischhauteffekt zu entwickeln (vgl. Brück/Kuhn 2008, S. 102).

Ein recht neues und junges Produkt ist die „VOSSCHEMIE HAIFISCHHAUT". *VOSSCHEMIE GmbH* hat in Zusammenarbeit mit dem Bionik-Innovations-Centrum (B-I-C) der Hochschule Bremen ein giftfreies, ökologisch verträgliches Bewuchsschutzverfahren entwickelt, in Anlehnung an die Haut des Hais. Bei der Haifischhaut wird durch die kleinen Zähnchen (Dentikel) auf der Haut die Ansiedlung von Bewuchs verhindert und das alles durch einen natürlichen Prozess. Aus der jahrelangen Forschung entstand eine elastische Oberflächenbeschichtung mit Mikrostruktur, die den bewuchs um bis zu 70 Prozent verringert. Außerdem besitzt das Produkt einen weiteren wesentlichen Vorteil. Bislang wurden Schiffsrümpfe mit dem hochgiftigen Tributylzinnhydrid (TBT) versehen. Diese giftige Substanz sollte verhindert, dass sich Muscheln und Algen am Schiffrumpfs festsetzen (Fouling). Seit 2003 wurde TBT verboten und

seither werden moderne Antifouling- Anstriche verwendet. *VOSSCHEMIE HAIFISCHHAUT[13]* Auch diese Wirkstoffe wirken überaus belastend für die Gewässer, die Flora und Fauna. Im Gegensatz dazu gibt das Verfahren der künstlichen Haifischhaut keine Gifte an die Umwelt ab. Nur alle zwei Jahre bedarf es einen Erneuerungsanstrich und die Bewuchsfreiheit von bis zu 70 % ist das Endergebnis. Auch kann durch das Produkt der Strömungsverlauf am Rumpf optimiert werden und es kann eine Erhöhung der Geschwindigkeit im fünf bis 6 Prozent im Vergleich zu einem nicht beschichteten Bootsrumpf erzielen (vgl. haifischhaut.de).

4. „Innovation aus der Natur" – ein Förderkonzept der Bionik

Dies ist der Titel eines Förderkonzeptes für die Bionik von dem Bundesministerium für Bildung und Forschung (BMBF) 2005. Es wurde erkannt, dass mit der Bionik Ideen und Konzepte für neue Produkte, Verfahren und Dienstleistungen entstehen. „Ohne diese Innovationen können wir weder bestehende Arbeitsplätze sichern und neue schaffen, noch zum besseren Schutz natürlicher Lebensgrundlagen und Ressourcen, d.h. generell zu einer nachhaltigen Entwicklung unserer Gesellschaft, beitragen" (BMBF S. 3). An dieser Stelle soll nun das neue BMBF-Förderkonzept „Bionik – Innovationen aus dem Erfahrungsschatz der Natur" anknüpfen. In diesem Vorhaben werden verschiedene Maßnahmen vorgestellt, mit dem das Thema Bionik zum Beispiel auch verstärkt in der deutschen Industrie und den einzelnen Unternehmen Einzug hält. Eine wichtige Maßnahme im Bezug auf Ideen ist der Ausbau eines „BMBF-Ideenwettbewerbs Bionik", der durch eine Auswahlrunde alle zwei Jahre stattfinden soll. Weiterhin ist ein bedeutsamer Punkt, dass mit der Bionik nachhaltig gewirtschaftet werden soll. Hier werden Maßnahmen genannt wie die Auswahlrunden zu „Innovationen als Schlüssel für Nachhaltigkeit in der Wirtschaft" unter Erschließung und Nutzung neuer Technologien oder Verfahren und Produkt- oder Dienstleistungsstrategien und deren Kombinationen. Interessant in diesem Zusammenhang bei der Auseinandersetzung mit dem Thema der Hausarbeit ist der Aspekt, indem Industrieunternehmen stärker in die Forschungsförderung eingebunden werden sollen. „Die Einbindung industrieller Partner in Forschungs- und Innovationswerken ist wesentlicher Bestandteil der Forschungsförderung des BMBF" (BMBF S. 10). Als Maßnahmen werden die verstärkte Einbindung kleiner und mittelständischer Unternehmen in Forschung und Entwicklung-Projekte in der Biotechnologie (Projekt: BioChancePLUS) und Nanotechnologie (Projekt: NanoChance) sowie die Verwertung bionischer Forschungsergebnisse durch gezielte Förderung von Ausgründungen genannt. Auch muss die Zusammenarbeit mit der Industrie intensiviert werden und internationale Forschungskontakte müssen geknüpft werden.

Mit der Bionik soll auch das Interesse an Natur- und Ingenieurswissenschaften geweckt werden und die Bionik muss ihren Weg deshalb auch in die Ausbildung finden. Wichtig dabei sind die Förderung des wissenschaftlichen Nachwuchses mit der verstärkten Einbindung von jüngeren Wissenschaftlern in Projekten der Verbundforschung und auch das Verständnis von Natur in Technik schon im Schulunterricht und in der Öffentlichkeit zu fördern.

Ein Beispiel für die Verbreitung bionischer Erkenntnisse und Ergebnisse war die Unterstützung des BMBF-Bionik-Netzwerks BIOKON bei der Gestaltung des deutschen Pavillons auf der EXPO 2005 in Japan.

5. Schlussbetrachtung

Die vorlegende Hausarbeit hat sich mit dem allgemeinen Thema der Bionik in der deutschen Industrie beschäftigen. Es ist deutlich geworden, dass nicht nur der Traum vom Fliegen und damit die Vögel ein natürliches Vorbild für die Menschen waren. Im Laufe der Zeit hat sich eine doch recht junge aufstrebende interdisziplinäre Wissenschaft entwickelt, die mehr und mehr Einzug in die Industrie hält. Wirtschaftlich erfolgversprechende Bionik-Produkte wurden entwickelt. Die Industrie ist hellhörig geworden und interessiert. Inzwischen wurden die Chancen der Bionik durchaus erkannt. Die perfekten, über Millionen und Milliarden Jahren optimierten Erfindungen der Natur sind heute zu einem begehrten Forschungsobjekt von Naturwissenschaftlern, Technikern, Ingenieuren und Architekten geworden. Im Focus hierbei muss vor allem die interdisziplinäre Zusammenarbeit stehen.

Die deutsche Bionik Forschung hat national und international einen hohen Stellenwert und eine Spitzenstellung eingenommen. Deutschland hat eine leistungsfähige Forschungslandschaft in der Bionik und auf die sollte und muss man kontinuierlich aufbauen.

Für die Industrie sind zum einen die Innovation und die Entwicklung nützlicher Produktion auch immer gekoppelt mit dem Wert des Gütereinsatzes und der Güterausbringung in Wertschöpfungsprozessen. Ein Unternehmen muss wirtschaftlich denken und es stellt sich zu Recht die Frage, ob ein bionisches Produkt den ökonomischen Kriterien gerecht werden kann. Doch ohne die Bereitschaft und die Fähigkeit der Unternehmen, Ergebnisse aus der Forschung umzusetzen, gibt es keine Innovation und somit keinen technischen Fortschritt. In manchen Bereichen in der industriellen Forschung ist bionisches Arbeiten schon weit eingebaut, andere Disziplinen stehen weiterhin am Anfang. Da manche biologische Prinzipien noch wenig erforscht sind, können die Entwicklungszeiten für bionisch inspirierte Produkte meist nur schwer abgeschätzt werden. Doch ist es auch wichtig, dass man den Focus auf die Bereiche in der Natur legt, die auch sinnvoll erscheinen. Nicht jeder Bereich der Industrie kann sich die Bionik zueigen machen, doch „vom Auto-, Schiffs-, Bahn-, Flugzeug-, oder Hausbau bis hin zur Verpackungs-, Computer-, Roboter- und Maschinentechnik, von der Informatik über die Medizin bis hin zur Kosmetik und vielen Haushalts- und Industrieprodukten – es gibt kaum einen Bereich, dem die Bionik nicht hilfreiche Dienste erweisen kann" (Brück/Kühn 2008 S. 6).

Wie einige vorgestellte Beispiele gezeigt haben, kann man nicht alle Ansätze direkt übertragen und sie sind nicht sofort rentabel. Vielmehr ist es fast die Regel, dass sich wichtige technologische Aspekte durch ganz unscheinbare Ideen entwickeln. Doch es muss auch immer wieder betont werden, dass man die Natur nicht einfach kopieren kann. Eher sollte man sich von der Natur inspirieren lassen, die Potenziale kreativ nutzen. Die Natur, mit Ihren einzigartigen Strukturen, Funktionen und Strategien kann ein perfektes Vorbild für technologische Zukunftsbereiche bereit stellen, der Mensch muss nur die Mittel, die Ihm zur Verfügung stehen, nutzen. In Anlehnung dazu möchte ich abschließend Werner Nachtigall zitieren:

„Bionik ist kein Allheilmittel
und kein Glaubensbekenntnis.
Bionik stellt ein Werkzeug dar.
Man kann es benutzen,
missbrauchen oder im Schrank liegen lassen,
wie jedes Werkzeug"

Literaturverzeichnis

Bappert, Reiner /Zweckbronner, Gerhard (Hrsg.) (1998): Bionik: Zukunfts-Technik lernt von der Natur; eine gemeinsame Wanderausstellung des SiemensForums München/Berlin und des Landesmuseums für Technik und Arbeit in Mannheim. Mannheim

Brück, Jürgen/Kuhn, Birgit (2008): Bionik. Der Natur abgeschaut. Köln

dtv-Lexikon (2006): in 24 Bänden. Band 10: Holb – Jarl. München

Hadeler, Thorsten (2000): Gabler Wirtschafts-Lexikon. Wiesbaden

Hill, Bernd (1999): Naturorientierte Lösungsfindung. Entwickeln und Konstruieren nach biologischen Vorbildern. Renningen-Malmsheim

Kern, Ulrich/Häcker, Bärbel (1998): Bionik – Natur als Vorbild. In: Biologie, Technik, Zukunfts-Technik lernt von der Natur; eine gemeinsame Wanderausstellung des SiemensForums München/Berlin und des Landesmuseums für Technik und Arbeit in Mannheim. Mannheim

Kranzhoff, Jörg Armin (2004): Edmund Rumpler – Wegbereiter der industriellen Flugzeugfertigung. Bonn

Lilienthal, Otto (1939): der Vogelflug als Grundlage der Fliegekunst. München und Berlin

Nachtigall, Werner (Hrsg.) (1996): Technische Biologie und Bionik 3 / 3. Bionik-Kongress, Mannheim 1996. Stuttgart

Nachtigall, Werner (1997): Vorbild Natur. Bionik-Design für funktionelles Gestalten. Berlin

Nachtigall, Werner (1998): Bionik. Grundlagen und Beispiele für Ingenieure und
Naturwissenschaftler. Berlin

Neumann, Dieter (1993): Bionik. Technologieanalyse. Düsseldorf

Seifert, Karl-Dieter/Waßermann, Michael (1992): Otto Lilienthal. Leben und Werk.
Eine Biographie. Hamburg

Uhlmann, A. M. (Hrsg.) (1962-64): Meyers neues Lexikon: In 8 Bänden. Leipzig

Wissmann, Gerhard (1982): Geschichte der Luftfahrt von Ikarus bis zur Gegenwart.
Berlin

Internetquellen

Bundesministerium für Bildung und Forschung (2005): Innovationen aus der
Natur - Förderkonzept Bionik. Berlin
URL: http://pt-uf.pt-dlr.de/_media/innovationen_aus_der_natur_bionik.pdf
(Stand 19.06.09)

BIO-PRO (2005): Schwäbischer Kofferfisch auf Rädern
URL: http://www.bio-
pro.de/magazin/thema/00172/index.html?lang=de&artikelid=/artikel/02824/ind
ex.html (Stand 19.06.09)

CONTINENTAL (2001): Bionik sorgt im ContiSportContact 2 für Höchstleistungen
URL: http://www.conti-
online.com/generator/www/com/de/continental/portal/themen/presse_services/
pressemitteilungen/produkte/reifen/pkw/pr_2001_02_05_3_de.html
(Stand 21.06.09)

CONTINENTAL (2002): Bionik – Trends in Industrie & Gesellschaft und
Anwendungen bei der Continental AG
URL: http://www.biokon.net/bionik/download/Conti_bionic_studie_de.pdf
(Stand 21.06.09)

ERLUS AG (2009): Das erste selbstreinigende Tondach
URL: http://www.erlus.de/menu-
navigate/92/lotus/downloads/838/1/lotus_techn_prospekt.pdf
(Stand 21.06.09)

EOP (2009): Ein revolutionärer Schwimmanzug
URL: http://www.epo.org/topics/innovation-and-economy/european-
inventor/nominees/2009/fairhurst_de.html
(Stand 21.06.09)

FASTECH Fasting Systems
URL: http://www.fastech.ch
(Stand 21.06.09)

FESTO: AquaPenguin
UR: http://www.festo.com/cms/de_de/11507.htm
(Stand 21.06.09)

Fraunhofer UMSICHT (2005): Stets rattenscharfe Messer
URL: http://www.umsicht.fhg.de/presse/bericht.php?titel=050120_rattenscharf
(Stand 20.06.09)

Harald Staab (2007): Von Elefanten lernen
URL: http://www.innovations-report.de/html/berichte/medizin_gesundheit/bericht-
86787.html (Stand 19.06.09)

MERCEDES-Benz: Automobile der Zukunft – Bionic Car

URL: http://www.mercedes-
benz.de/content/germany/mpc/mpc_germany_website/de/home_mpc/passeng
ercars/home/passengercars_world/innovation_sustainability/future_car.0004.h
tml
(Stand 19.06.09)

VOSSCHEMIE: Die Alternative der Zukunft – Haifischhaut

URL: http://www.haifischhaut.de/downloads/acht_seiterhaiklein.pdf
(Stand 21.06.09)

Bildnachweis

1: http://www.tu-ilmenau.de/fakmb/uploads/media/Kofferfisch_als_Vorbild_fuer_Aerodynamik_und_Sicherheit.pdf
(Stand 19.06.09)

2: http://www.tu-ilmenau.de/fakmb/uploads/media/Kofferfisch_als_Vorbild_fuer_Aerodynamik_und_Sicherheit.pdf
(Stand 19.06.09)

3: http://www.tu-ilmenau.de/fakmb/uploads/media/Kofferfisch_als_Vorbild_fuer_Aerodynamik_und_Sicherheit.pdf
(Stand 19.06.09)

4: http://www.webmuseum.ch/Natur/Bienen/Augen6.jpg
(Stand 19.06.09)

5: http://interstices.info/upload/visuo-motrice/robot-mouche-grd.jpg
(Stand 19.06.09)

6: http://idw-online.de/pages/de/newsimage?id=50908&size=thumbnail
(Stand 19.06.09)

7: http://www.umsicht.fhg.de/fehler/popup.php?bild=presse/presse_bilder/050120_rattenscharf_1_gross.jpg
(Stand 20.06.09)

8: http://www.2-0.scienceticker.info/wp-content/uploads/2007/01/kaeferweiss1.jpg
(Stand 20.06.09)

9:     http://www.biokon.net/bionik/download/Conti_bionic_studie_de.pdf
       (S. 27 - Stand 21.06.09)

10:    http://www.bizoo.ro/img/Tigla-Ceramica-Lotus-
       Erlus/img360/sale/85359_1196497924.jpg
       (Stand 21.06.09)

11:    http://www.sto.de/webdocs/0101/p_images/13123_2.jpg
       (Stand 21.06.09)

12:    http://www.pneumaticsonline.com/images/AquaPenguin_4.jpg
       (Stand 21.06.09)

13:    http://www.lifepr.de/attachment/74470/Haifischhaut_Dose.jpg
       (Stand 21.06.09)